ADAPTÁNDONOS AL CAMBIO: DE LOS MATERIALES AVANZADOS A LA EDUCACIÓN DEL FUTURO

Universidad de
Castilla~La Mancha

Acceda al texto completo online en el siguiente enlace:

Sonia Merino Guijarro

ADAPTÁNDONOS AL CAMBIO: DE LOS MATERIALES AVANZADOS A LA EDUCACIÓN DEL FUTURO

Lección inaugural del solemne acto de apertura del Curso Académico 2024/2025 de la Universidad de Castilla-La Mancha

Paraninfo Universitario "Luis Arroyo"

Ciudad Real, septiembre de 2024

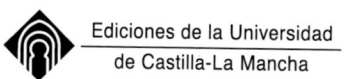
Ediciones de la Universidad
de Castilla-La Mancha

Cuenca, 2024

Edita: Ediciones de la Universidad de Castilla-La Mancha.

Colección EDICIONES INSTITUCIONALES, núm. 144.

Diseño de la sobrecubierta: CIDI - UCLM.

I.S.B.N.: 978-84-9044-672-0 (Ed. impresa)

I.S.B.N.: 978-84-9044-673-7 (Ed. electrónica)

D.O.I.: https://doi.org/10.18239/ins_2024_144.00

I.S.N.I.: 0000000506819532 (Ediciones UCLM)

D.L.: CU 132-2024

Imprime: Gráficas Izquierdo

Impreso en España (U.E.) - *Printed in Spain (U.E.)*.

Índice

Adaptándonos al cambio: de los Materiales Avanzados a la Educación del Futuro

Sonia Merino Guijarro
Catedrática de Química Orgánica
Facultad de Ciencias y Tecnologías Químicas
de Ciudad Real

Vivimos en una era de cambios sin precedentes. Las tecnologías emergentes, los avances científicos y las transformaciones sociales y económicas están redefiniendo la forma en que vivimos, trabajamos y nos relacionamos.

En un mundo donde el cambio es la única constante, es esencial que tanto la investigación como la educación avancen al unísono. Este cambio en la investigación refleja nuestra necesidad de encontrar soluciones concretas y efectivas a los desafíos con los que nos enfrentamos. Ya no se trata solo de innovar por innovar; necesitamos justificar el propósito de nuestros avances y cómo estos pueden mejorar nuestra calidad de vida, resolver problemas ambientales o avanzar en medicina y tecnología.

Esta evolución refleja una mayor responsabilidad de los investigadores no solo con la comunidad científica, sino también con la sociedad en su conjunto. Además, esta tendencia resuena con nuestro compromiso institucional de fomentar una educación que no solo transmita conocimientos, sino que también inspire a nuestros estudiantes a aplicar estos conocimientos con el fin de generar un impacto positivo.

Como dijo Stephen Hawking, «Inteligente es el que se adapta a los cambios». La verdadera sabiduría radica en nuestra capacidad para enfrentarnos y adaptarnos a nuevas situaciones, no solo en la acumulación de conocimientos.

Evolución de los materiales

En este contexto de adaptación y cambio constante es donde la ciencia de los materiales juega un papel fundamental, permitiendo el desarrollo de nuevas tecnologías y mejorando la calidad de vida de la humanidad.

Desde la Prehistoria, la raza humana comenzó a proveerse de diversos materiales que tenía en su entorno, seleccionando aquellos que les resultaban más útiles para la caza, producción, protección, construcción o supervivencia. Estos materiales han dejado su huella en las diferentes etapas de la historia. En la **Edad de Piedra**, que abarcó hasta aproximadamente

el año 3000 a. C., el uso de herramientas de piedra fue crucial para la supervivencia y marcó el inicio de la tecnología humana. Curiosamente, las ramas de los árboles fueron los primeros elementos que el ser humano manejó y manipuló. Podríamos considerar esta era como la **Edad de la Madera**, ya que, junto con la piedra, fue crucial en nuestra evolución. De hecho, la palabra "madera" proviene del latín "materia". Sin embargo, como la madera se deteriora con el tiempo, hay poca evidencia de su uso antiguo, lo que distorsiona nuestra percepción histórica. En la **Edad de los Metales**, el ser humano desarrolló técnicas para manipular metales como el cobre, bronce y hierro, lo que permitió avances significativos en la construcción y la agricultura. A partir de este periodo, es importante resaltar que cada revolución industrial ha sido impulsada por innovaciones en materiales que han permitido nuevos avances tecnológicos y económicos.

La **primera revolución industria**l, que tuvo lugar desde finales del siglo XVIII hasta mediados del siglo XIX, introdujo materiales más avanzados como el acero y el cemento, lo que posibilitó la construcción de ferrocarriles, edificios y puentes. Durante la **segunda revolución industrial**, comprendida entre finales del siglo XIX y principios del siglo XX, la industria química experimentó un gran crecimiento con la aparición de nuevos materiales como las fibras artificiales, el caucho, o nuevas aleaciones metálicas.

A principios del siglo xx, en el marco de la **tercera revolución industrial**, surgieron los polímeros, compuestos formados por cadenas de unidades repetidas llamadas monómeros. Estos materiales, que incluyen plásticos tan comunes como el polietileno, el PVC (policloruro de vinilo) y el nylon han transformado nuestras vidas de innumerables maneras. Aunque no todos los polímeros son plásticos, la historia de ambos materiales está íntimamente ligada, caracterizando la edad contemporánea hasta el punto de que se ha llegado incluso a denominar a este periodo como el "**plasticoceno**". Los polímeros forman parte de una amplia gama de materiales con aplicaciones en diversas industrias, tales como la construcción, aeronáutica, automovilística, de envase y embalaje, electrónica y en aplicaciones médicas, entre otras. Estos materiales han adquirido una gran importancia en la economía y en el bienestar social.

Sin embargo, la innovación no se detiene aquí. Estamos inmersos en la **cuarta revolución industrial**, también conocida como **revolución 4.0**, caracterizada por la integración de tecnologías avanzadas y la digitalización. En este periodo, el desarrollo y la aplicación de nuevos materiales, como los nanomateriales, los materiales blandos y los materiales inteligentes, desempeñan un papel fundamental. Profundicemos en el impacto y las aplicaciones de estos nuevos materiales.

Nanomateriales: la revolución invisible de la Ciencia y la Tecnología

Los **nanomateriales** son aquellos materiales en los que alguna de sus tres dimensiones es menor de 100 nm. Para ponerlo en perspectiva, un milímetro contiene un millón de nanómetros. Debido a su diminuto tamaño, no son perceptibles al ojo humano y solo pueden ser observados mediante microscopios electrónicos de alta resolución. Aunque la Nanotecnología es una disciplina relativamente nueva, los nanomateriales han existido mucho antes de que pudiéramos asociar sus particulares propiedades a su tamaño. De hecho, podríamos decir que los antiguos artesanos romanos ya eran pioneros en este campo al fabricar objetos de vidrio con coloraciones especiales. Un ejemplo notable es la copa de Licurgo[1] *(Figura 1, pag 35.)*, una copa romana del siglo IV que cambia de color según la iluminación. Cuando se ilumina desde el lado del observador, muestra un color verde-jade y el vidrio parece opaco, pero cuando se ilumina por detrás, se vuelve traslúcida y de un brillante color rojo. El secreto de este efecto fue descubierto en 1990. Mediante análisis con un microscopio electrónico, se encontró que el vidrio contenía una mezcla muy precisa de nanopar-

---

[1] Ian Freestone *et al.* The Lycurgus Cup- A Roman Nanotechnology. Gold Bulletin. **2007**, 40/4, 270-277.

tículas de oro y plata menores a 50 nm. El oro es el principal responsable de la transmisión de color rojizo y la plata del reflejo verdoso.

Un aspecto muy curioso de los nanomateriales es que sus propiedades fisicoquímicas difieren notablemente de las que presentan cuando el mismo material se encuentra en tamaños micro o macroscópico. Esto se debe a que, a medida que el tamaño se reduce a la escala nanométrica, aumenta el área superficial expuesta y esto favorece una mayor interacción entre átomos y moléculas cercanos. Estas interacciones son responsables de fenómenos sorprendentes, como la capacidad de los geckos para desafiar la gravedad, trepando por superficies verticales y colgándose del techo. Los pies de los geckos son tan adhesivos que pueden pegarse al techo y sostener hasta 130 kg, gracias a las estructuras nanoscópicas en sus patas. Los investigadores han descubierto que las patas de los geckos están cubiertas por millones de pelos diminutos llamados setas, cada una de las cuales se ramifica en miles de espátulas de tamaño nanométrico (100-200 nm), lo que permite una gran superficie de contacto con la superficie por la que camina el animal *(Figura 2, pag. 35)*.

Los estudios sobre las propiedades adhesivas de los geckos han inspirado el diseño de materiales con estructuras similares. Por ejemplo, se ha desarrollado un tipo de cinta adhesiva con nanomateriales de carbono en la que unos pocos centímetros cuadrados

pueden soportar varios cientos de kilogramos y adherirse a una amplia variedad de superficies. Estas cintas tienen aplicaciones que van desde colgar cuadros hasta la fijación de prótesis, demostrando su versatilidad y efectividad en diversas situaciones.

No se trata sólo del tamaño. La dimensionalidad también influye de manera significativa en las propiedades de un material. Esto se ilustra claramente en los nanomateriales basados en carbono, donde los fullerenos (0D), nanotubos de carbono (1D), el grafeno (2D) y el grafito (3D) presentan propiedades muy distintas *(Figura 3, pag. 36)*.

Entre ellos, el grafeno es quizás el nanomaterial bidimensional que ha acaparado mayor interés dentro de la investigación científica de las últimas décadas. Constituye el componente básico del grafito de las minas del lápiz. De hecho, el grafito está compuesto por muchas capas de grafeno, cada una de las cuales consiste en una lámina de átomos de carbono dispuestos en hexágonos planos, con una apariencia que recuerda a un panal de abejas. El grafeno, con un espesor de apenas un átomo, es transparente, muy flexible y, al mismo tiempo, uno de los materiales más duros y resistentes. Sus increíbles propiedades térmicas, electrónicas, ópticas y mecánicas le han valido el sobrenombre de "material del futuro", encontrando aplicaciones en numerosos campos.

En electrónica, su alta conductividad y flexibilidad lo hacen ideal para transistores rápidos, pantallas táctiles flexibles y células solares más eficientes. En el sector energético, mejora la eficiencia de baterías y supercondensadores, vitales para vehículos eléctricos y dispositivos móviles. En la construcción, refuerza estructuras haciéndolas más fuertes y ligeras, y mejora el aislamiento térmico de los edificios. En medicina, se utiliza en implantes neuronales para reemplazar circuitos dañados en enfermedades como el Parkinson y la epilepsia, así como en biosensores para la detección de glucosa en pacientes diabéticos.

En la industria automovilística y aeroespacial, ofrece ventajas significativas gracias a su resistencia y ligereza. Además, la pintura a base de grafeno proporciona una protección superior contra la corrosión, prolongando la vida útil de los vehículos. En el ámbito deportivo, permite la fabricación de materiales más ligeros y resistentes, como raquetas de tenis, bicicletas o palos de golf, así como prendas deportivas de alto rendimiento que mejoran la regulación térmica y la transpirabilidad.

Después de descubrir las excepcionales propiedades de los nanomateriales, el próximo desafío es aprovechar al máximo estas características y trasladarlas al mundo macroscópico, el mundo que podemos ver y tocar. La idea es combinar estos nanomateriales con **materiales blandos** para crear nuevos **materiales híbridos** con propiedades mejoradas. Sin

embargo, la evolución no se detiene en lo blando. Así como los humanos actuamos como "sensores" al percibir sonidos e imágenes y como "actuadores" al responder a estos estímulos, los científicos buscan dotar a los materiales de una capacidad de reacción similar, convirtiéndolos en "**inteligentes**". Imaginemos materiales que puedan ajustarse a la luz como nuestras pupilas o reaccionar rápidamente a estímulos como la *Venus atrapamoscas* que cierra sus trampas al detectar la presencia de una presa. Además, se aspira a que estos materiales posean la capacidad de **auto-repararse**, similar a nuestra piel cuando se cura tras una herida. Este enfoque innovador pretende crear materiales que no solo ofrezcan funcionalidades avanzadas, sino que también sean más compatibles con el cuerpo humano, ampliando significativamente sus aplicaciones en el campo biomédico.

Materiales blandos: la flexibilidad del futuro

En la actualidad, los hidrogeles destacan como uno de los materiales blandos más versátiles, debido a la facilidad con la que es posible incorporar nanopartículas en su estructura y conferirles propiedades específicas. La presencia e importancia de los hidrogeles en nuestras vidas es más significativa de lo que podríamos imaginar. En términos sencillos, un hidrogel es un material polimérico tridimensional y poroso, con la

capacidad de absorber y retener grandes cantidades de agua sin disolverse *(Figura 4, pag 36)*. Esta propiedad los hace extremadamente útiles en productos como pañales o vendajes médicos, donde la capacidad para retener líquidos es crucial.

Los hidrogeles no solo absorben agua, sino que también tienen la capacidad de liberarla gradualmente, lo que los convierte en herramientas clave para la agricultura moderna[2]. Actúan como pequeños reservorios en el suelo, proporcionando hidratación continua durante periodos de sequía o riegos irregulares, mejorando la eficiencia del uso del agua. Además, su estructura porosa permite la incorporación de fertilizantes y otros nutrientes esenciales, liberándolos de manera lenta y controlada. Esto no solo reduce el desperdicio y la escorrentía, sino que también hace la fertilización más efectiva y ecológica.

A diferencia de los materiales duros, los hidrogeles son suaves y flexibles, lo que los hace más compatibles con los seres vivos. Por ejemplo, muchas lentillas están fabricadas con hidrogeles, proporcionando comodidad para llevar durante largos períodos de tiempo[3].

Gracias a su alto contenido de agua y su red polimérica tridimensional, los hidrogeles pueden diseñarse

---

2   P. Vedovello *et al.* An overview of polymeric hydrogel applications for sustainable agriculture. *Agriculture* **2024**, *14*, 840.

3   X. Wang *et al.* Applications and recent developments of hydrogels in ophthalmology. *ACS Biomater. Sci. Eng.* **2023**, *9*, 5968-5984.

para imitar la matriz extracelular, el entorno natural donde las células viven y se desarrollan en el cuerpo. Esta similitud con la matriz extracelular permite su uso en cultivos tridimensionales (3D), donde las células crecen y se organizan de manera similar a como lo hacen en los tejidos naturales del cuerpo, a diferencia de los cultivos bidimensionales (2D) *(Figura 5, pag. 37)*. Además, los hidrogeles facilitan el intercambio de nutrientes y desechos entre las células y su entorno, lo cual es esencial para mantener la células vivas y saludables en los cultivos de laboratorio. Esta capacidad es fundamental en la ingeniería de tejidos, un campo donde se busca recrear órganos y tejidos funcionales para trasplantes y otras aplicaciones médicas[4].

Además, los hidrogeles se han utilizado para favorecer el crecimiento de folículos y la maduración de óvulos en procesos de fecundación *in vitro* en diversos modelos animales y en humanos, ayudando así a resolver problemas de fertilidad[5].

---

[4]   A. Z. Unal and J. L. West. Synthetic ECM: bioactive synthetic hydrogels for 3D tissue engineering. *Bioconjugate Chem.* **2020**, *31*, 2253-2271.

[5]   I. Sánchez-Ajofrín *et al.* A biomimetic follicle-based design for engineering reproductive technologies. *Adv. Funct. Mater.* **2024**, *34*, 2310787.

Materiales inteligentes: respondiendo a estímulos para la innovación tecnológica

Los **materiales inteligentes** representan una innovación fascinante, capaces de modificar sus propiedades o su forma en respuesta a estímulos del entorno en el que se encuentran, lo que los hace extremadamente versátiles. Estos estímulos externos pueden ser la presión, temperatura, humedad, pH y campos eléctricos o magnéticos, entre otros.

Uno de los avances más destacados en el campo de los materiales inteligentes es su aplicación en la **liberación controlada de fármacos**. Esta tecnología ha revolucionado el campo de la medicina al permitir una administración más precisa y eficaz de los medicamentos, mejorando los resultados terapéuticos y minimizando los efectos secundarios asociados a los métodos tradicionales de administración oral o inyectables. Ejemplos de estos avances incluyen parches de hidrogeles cutáneos[6] con electrónica integrada que monitorea el pH y la glucosa de las heridas y administra fármacos a demanda[7]. Este enfoque inteligente acelera la cicatrización y previene infecciones, representando un avance significativo en el

---

[6]   D. Wong *et al.* Smart skin-adhesive patches: from design to biomedical applications. *Adv. Funct. Mater.* **2023**, *33*, 2213560.

[7]   X. Gong *et al.* Polymer hydrogel-based multifunctional theranostics for managing diabetic wounds. *Adv. Funct. Mater.* **2024**, *34*, 2315564.

tratamiento de heridas como las úlceras diabéticas. Sus propiedades únicas de hidratación, protección, alivio del dolor y entrega controlada de medicamentos los hacen ideales para manejar estas heridas complejas, mejorando así la calidad de vida de los pacientes.

Otra aplicación notable de los nuevos materiales avanzados es la **robótica blanda**. Los robots blandos, fabricados con materiales inteligentes, ofrecen ventajas significativas frente a los robots rígidos tradicionales. Su capacidad para deformarse y adaptarse al entorno les permite realizar tareas en espacios confinados o irregulares, donde los robots convencionales tendrían dificultades. Además, su flexibilidad y suavidad reducen el riesgo de dañar objetos delicados o causar lesiones en interacciones con humanos, lo que los hace ideales para aplicaciones médicas y de asistencia personal.

Los investigadores se han inspirado en organismos como gusanos, peces, serpientes o pulpos para desarrollar robots blandos con características funcionales únicas[8]. La tecnología de impresión 3D, junto con la emergente impresión 4D donde los objetos impresos pueden cambiar sus estructuras con el tiempo en respuesta a estímulos externos, han revolucionado la fabricación de los robots blandos.

---

[8]   C. S. Park *et al.* Hydrogels for bioinspired soft robots. *Prog. Polym. Sci.* **2024**, *150*, 101791.

Estos robots pueden realizar movimientos complejos como gatear, agarrar, saltar y nadar mediante deformaciones de flexión.

Uno de los primeros métodos de actuación empleados en el campo de la robótica blanda es la neumática. Un ejemplo es el robot blando inspirado en el movimiento de las medusas, ilustrado en la figura 6 *(pag. 37)*. Este robot replica los movimientos ondulantes de las medusas, lo que le permite navegar en entornos acuáticos de manera eficiente y adaptable. Este tipo de robot tiene aplicaciones en exploración submarina y en la monitorización de ambientes acuáticos, incluyendo la limpieza de desechos acumulados en los fondos marinos[9].

En los últimos años se ha demostrado que la aplicación de un campo eléctrico mejora significativamente la velocidad de respuesta de los hidrogeles, haciendo de este método de control una opción más conveniente y eficiente en comparación con otros estímulos[10]. Además, la incorporación de aditivos conductores, como nanomateriales de carbono y polímeros conductores, mejora su capacidad de respuesta a los estímulos eléctricos.

---

[9] Y. Chi *et al.* Leveraging monostable and bistable pre-curved bilayer actuators for high-performance multitask soft robots. *Adv. Mater. Technol.* **2020**, *5*, 2000370.

[10] H. Hu *et al.* Electrically driven hidrogel actuators: working principle, material design and applications. *J. Mater. Chem. C* **2024**, *12*, 1565-1582.

En el campo de la medicina, no solo se utilizan robots en la escala macro, los micro robots blandos son una tecnología emergente capaces de acceder a regiones anatómicas complejas y pequeñas, como el cerebro o los vasos sanguíneos. Tradicionalmente, el tratamiento de enfermedades vasculares implica la colocación quirúrgica de stents y la administración de medicamentos que se difunden libremente en los vasos sanguíneos para despejarlos o ensancharlos. Sin embargo, estos métodos requieren habilidades técnicas avanzadas y conllevan ciertos riesgos. Además, la difusión de los medicamentos es lenta y puede afectar tanto las áreas enfermas como las sanas. En contraste, los micro robots desarrollados para la liberación dirigida de medicamentos en trombos mantienen el fármaco activo durante la circulación, lo dirigen hacia el trombo mediante un estímulo externo, como puede ser un campo magnético, y lo activan de forma remota. Este enfoque mejora los resultados del tratamiento y acelera la disolución del trombo, ofreciendo una alternativa más eficiente y segura[11].

---

[11] J. Sungwoong *et al.* A magnetically controlled soft microrobot steering a guidewire in a three-dimensional phantom vascular network. *Soft Robot.* **2019**, *6*, 54-68.

Materiales Avanzados: clave para la sostenibilidad en Europa

En un contexto de transición desde una economía lineal hacia una circular, la utilización de materiales avanzados es fundamental para que Europa lidere la transición verde. En esa línea, el manifiesto *"Materiales 2030"*[12] insta a Europa a adoptar una estrategia coordinada que aproveche estos materiales, más resistentes y duraderos que los convencionales, para enfrentar desafíos ambientales y tecnológicos. La ciencia de materiales debe enfocar sus esfuerzos en facilitar esta transición hacia una economía circular, diseñando materiales que puedan ser reutilizados y reciclados, reduciendo drásticamente la generación de residuos y la contaminación ambiental. En este marco, se están desarrollando hidrogeles altamente resilientes que resisten cortes y golpes debido a la intensa interacción entre las cadenas que los componen. Estos hidrogeles pueden ser híbridos, incorporando nanomateriales que no solo mejoran sus propiedades mecánicas, sino que también les confieren capacidades inteligentes[13]. Además, existe un interés creciente en la síntesis de hidrogeles a

---

[12] https://www.ami2030.eu/wp-content/uploads/2022/06/advanced-materials-2030-manifesto-Published-on-7-Feb-2022.pdf

[13] J. Leganés *et al.* Stimuli-responsive graphene-based hydrogel driven by disruption of triazine hydrophobic interactions. *Nanoscale* **2020**, *12*, 7072-7081.

partir de polímeros naturales, que ofrecen ventajas adicionales en términos de biodegradabilidad y sostenibilidad. Un avance significativo es la preparación de materiales que poseen la capacidad de **auto-reparación** de manera intrínseca y autónoma, sin requerir energía externa o reactivos adicionales[14]. Este enfoque no solo prolonga la vida útil de los dispositivos finales en los que se aplican estos materiales, sino que también mejora la eficiencia y reduce los costos asociados con el mantenimiento y la reparación. Estos desarrollos representan un paso hacia adelante en la creación de materiales que no solo son funcionales y duraderos, sino que también están alineados con los principios de sostenibilidad y economía circular, cada vez más imperativos en la sociedad contemporánea.

Fusionando disciplinas para generar soluciones innovadoras

Es importante destacar que la investigación en este fascinante campo de los materiales no es una disciplina aislada; se sitúa en la intersección de la química, la física, la biología, la ingeniería y otras disciplinas. Esta naturaleza **interdisciplinaria** es fundamental para

---

[14] A. Naranjo *et al.* Autonomous self-healing hidrogel with anti-drying properties and applications in soft robotics. *Appl. Mater. Today* **2020**, *21*, 100806.

abordar los complejos desafíos del siglo XXI, permitiendo la integración de conocimientos y técnicas de diversas áreas para desarrollar soluciones avanzadas y sostenibles. Sin lugar a duda, la investigación colaborativa es la clave para lograr innovaciones que tengan un impacto significativo y transformador en la sociedad.

El futuro de la Educación: innovación y adaptación constante

Así como la ciencia de los materiales ha ido cambiando con el tiempo, adaptándose a nuevos métodos, tecnologías y enfoques, nuestras universidades también deben evolucionar. No podemos permanecer estáticos en un mundo que avanza a un ritmo vertiginoso. Debemos ser capaces de adaptarnos a los nuevos tiempos, anticiparnos a las necesidades del futuro y preparar a nuestros estudiantes para los desafíos globales que les esperan, incluidos aquellos trabajos o problemas que aún no sabemos que existen.

A lo largo del tiempo, al igual que los materiales, la educación ha experimentado cambios, especialmente influenciados por las sucesivas revoluciones industriales. La primera revolución industrial tuvo un gran impacto en toda la sociedad, transformando la forma en que actuamos y trabajamos en todos los ámbitos.

En el ámbito educativo, prevalecía un sistema tradicional, conocido como **"Educación 1.0"**, que se centraba en la evaluación mediante exámenes y el trabajo individual. Este enfoque se basaba en las 3R: los estudiantes Recibían el contenido escuchando al profesor, luego Replicaban la información tomando notas y estudiando, y finalmente Respondían lo memorizado en las evaluaciones. Sin embargo, la ciencia ha demostrado que lo aprendido de memoria con el fin de pasar exámenes tiene pocas posibilidades de permanecer en la memoria a largo plazo, lo que limita un aprendizaje significativo y duradero.

Desde la primera revolución, hemos experimentado tres más, y en cada una de ellas, al igual que ocurrió en la primera, se ha requerido un modelo educativo que satisfaga las nuevas demandas. En la actualidad, estamos viviendo la cuarta revolución industrial, conocida como Industria 4.0. En esta era, tecnologías emergentes como la realidad virtual, la inteligencia artificial, la nanotecnología y la robótica están brindando posibilidades nunca vistas con anterioridad.

Estos avances nos invitan a repensar la educación, adoptando un enfoque más dinámico y adaptativo que prepare a los estudiantes para un futuro incierto y en constante cambio. La **"Educación 4.0"**, en particular, representa una revolución necesaria y urgente en los modelos educativos tradicionales que aún prevalecen. Esta nueva era educativa promueve la

aplicación de recursos físicos y digitales para ofrecer soluciones innovadoras a los retos actuales y futuros de la sociedad. No se trata solo de transmitir conocimientos, sino de desarrollar competencias esenciales en los estudiantes, conocidas como **competencias blandas**. Estas incluyen la capacidad de resolver problemas complejos, la creatividad, la iniciativa, el trabajo en equipo, la comunicación, la adaptabilidad, la gestión del tiempo y el pensamiento crítico. En definitiva, la Educación 4.0 busca formar individuos capaces de enfrentar los desafíos de un mundo en constante evolución tecnológica.

Este enfoque, basado en proyectos y desafíos, es más realista e incorpora metodologías activas e híbridas, permitiendo a los alumnos continuar su formación a lo largo de la vida. En este contexto, la implementación de un estándar europeo de microcredenciales podría ser de gran utilidad. Estas unidades de formación, más pequeñas, flexibles y dinámicas pueden certificar el aprendizaje en ámbitos donde las cualificaciones formales son limitadas o aún no existen.

Imaginemos, por un momento, que nuestra universidad es como un árbol robusto: a lo largo de los años, sus raíces se han profundizado, nutriéndose del conocimiento acumulado, mientras que sus ramas se extienden hacia nuevas fronteras del saber. Sin embargo, para continuar creciendo y prosperar, este

árbol necesita adaptarse a las estaciones cambiantes, a los nuevos climas y entornos.

¿Tenemos la capacidad para adaptarnos a estos cambios? En los últimos años, hemos demostrado con creces esta habilidad. Durante la pandemia, nuestra universidad evidenció esa notable capacidad de adaptación al implementar rápidamente plataformas de aprendizaje en línea, asegurando la continuidad académica y brindando apoyo integral a estudiantes y personal en tiempos difíciles. Esta experiencia nos ha enseñado a ser más flexibles y resilientes, y nos ha preparado para afrontar futuros desafíos con mayor eficacia. Las aulas virtuales se convirtieron en el nuevo epicentro del conocimiento, donde profesores y estudiantes se reunían sin barreras físicas. La tecnología, que ya era una herramienta educativa, se convirtió en nuestra aliada indispensable.

Internacionalización y colaboración en Alianzas Europeas

En este contexto dinámico, globalizado y digitalizado, la **internacionalización** de nuestra universidad adquiere una importancia crucial y debe expresarse de manera transversal en todas sus acciones. No debe verse como un fin en sí misma, sino un instrumento para alcanzar ese fin: formar a los estudiantes para trabajar en un entorno globalizado, adquiriendo

competencias internacionales y habilidades multi-culturales. Aprovechemos de manera activa las posibilidades que nuestra universidad nos brinda en este ámbito. Fomentemos la participación en inter-cambios internacionales, estancias de formación y docencia, titulaciones conjuntas, así como acciones de internacionalización en casa, programas virtuales (COIL)[15] o híbridos (BIP)[16], entre otras iniciativas relevantes. Estas actividades no solo enriquecen nuestra comunidad académica, sino que también fortalecen nuestros lazos con instituciones de renombre a nivel mundial.

Formar parte de alianzas estratégicas como la **Universidad Europea COLOURS** representa un impulso significativo tanto para nuestras capacidades académicas como para nuestros recursos, situándonos en la vanguardia de la educación superior en Europa. Es importante destacar que solo un 10% de las universidades europeas participan en alianzas de este tipo. Estas alianzas pretenden impulsar un Espacio Europeo de Educación Superior más integrado y conectado, con un enfoque en la innovación, la inclusión y la sostenibilidad. Estas colaboraciones no solo promueven el intercambio de conocimientos y buenas prácticas, sino que también nos permiten abordar desafíos globales de manera conjunta y

---

[15] COIL: Collaborative Online International Learning.

[16] BIP: Blended Intensive Programme.

efectiva. Asimismo, representan una oportunidad para fortalecer nuestra oferta educativa, impulsar la investigación colaborativa y estrechar lazos ofreciendo a nuestros estudiantes una experiencia académica enriquecida y diversa.

Además, la alianza COLOURS tiene como objetivo seguir un modelo de innovación abierta basado en la cuádruple hélice (conocimiento e investigación, administración pública, empresa y sociedad civil). Este enfoque busca dirigir los esfuerzos hacia soluciones generales para problemas comunes, a diferencia del modelo tradicional que se centra en buscar soluciones específicas o innovaciones únicas. Trabajando de manera conjunta e interdisplicinar, podremos abordar retos cruciales como la digitalización, la economía circular y la despoblación, impulsando así el desarrollo de nuestra región. Es fundamental para nuestro tejido empresarial contar con mentes jóvenes y dinámicas capaces de aportar nuevas ideas y soluciones. Juntos, podemos crear un entorno de crecimiento sostenible y próspero que beneficie a todos.

Conclusión: adaptación y progreso en Educación y Ciencia

En conclusión, el mundo está cambiando y debemos adaptarnos con él. La educación, como vehículo fundamental de esta adaptación, nos permite comprender y aplicar los avances científicos y tecnológicos, innovando para construir un futuro mejor. Durante este curso académico, les invito a ser parte activa de esta transformación, aportando nuevas ideas y métodos de enseñanza para garantizar que nuestros estudiantes reciban una formación no solo académicamente rigurosa, sino también relevante y adaptada a las exigencias del siglo XXI.

Como dijo William Shakespeare:

«Sabemos lo que somos, pero aún no sabemos lo que podemos llegar a ser».

Que este curso académico nos inspire a descubrir nuestro potencial, a construir sobre nuestras raíces y a avanzar con determinación hacia un futuro lleno de posibilidades.

FIGURAS CITADAS

Relación de procedencia de las figuras utilizadas:

Figura 1. Adaptada de la referencia nota 1.

Figura 2. Adaptación de K. Autumn. How Gecko Toes Stick. American Scientist 2006, 94, 124-132.

Figura 3. Adaptación de https://www.thegraphenecouncil.org/blogpost/1501180/357288/The-brief-introduction-and-Application-of-Carbon-nanomaterials-And-Other-Nano-Carbon-Materials

Figura 4. Elaboración propia.

Figura 5. Adaptada de la figura: https://boku.ac.at/en/dbt/ictct/mission-statement-core-topics/3d-cell-cultivation donde indican este libro: Kasper, C., Egger, D. and Lavrentieva, A. (eds) (2021) Basic Concepts on 3D Cell Culture. Springer International Publishing (Learning Materials in Biosciences). doi: 10.1007/978-3-030-66749-8.

Figura 6. Adaptada de la referencia nota 9.

Figura 1. Copa de Licurgo bajo luz reflejada (izquierda) y luz transmitida (derecha).

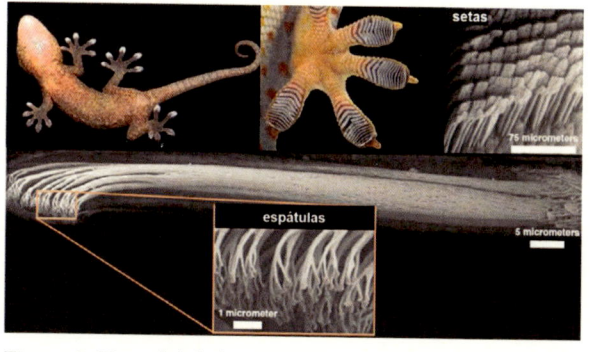

Figura 2. Vista del dedo del pie de un gecko a escala micro (setas) y nanométrica (espátulas).

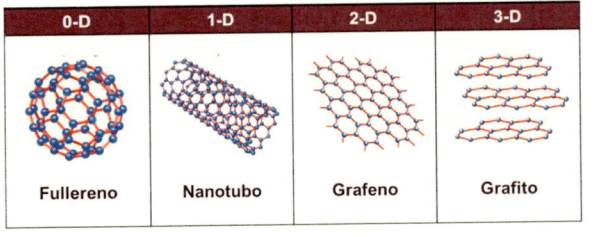

0-D	1-D	2-D	3-D
Fullereno	Nanotubo	Grafeno	Grafito

Figura 3. Clasificación de los nanomateriales de carbono de acuerdo a sus dimensiones.

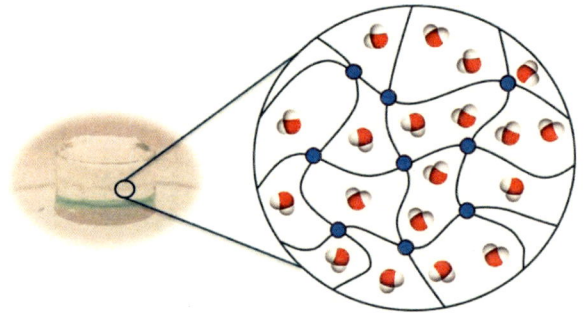

Figura 4. Estructura de un hidrogel.

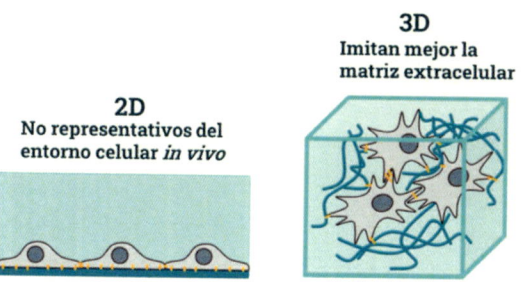

Figura 5. Comparación de cultivos celulares 2D vs 3D.

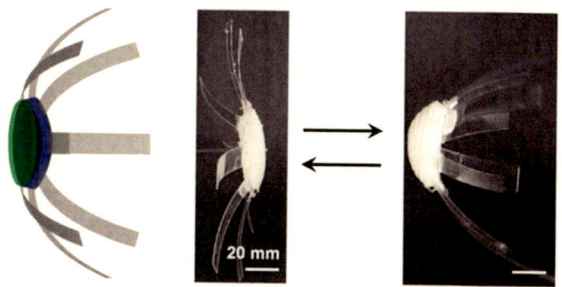

Figura 6. Movimiento del robot blando inspirado en las medusas bajo presurización.